PETIT TRAITÉ
DE
MÉTAPHYSIQUE ÉLÉMENTAIRE

TRADUIT DE L'ALLEMAND

DE SNELL

PAR Mme HOËNE WRONSKI

des Académies de Turin, Montpellier, Vaucluse, etc.

suivi de quelques considérations

SUR LA PHILOSOPHIE ABSOLUE

Ce petit traité est particulièrement destiné aux femmes des classes élevées de la société; c'est-à-dire à celles qui, si elles en ont la tendance, peuvent employer leur loisir à se donner une haute culture intellectuelle.

PARIS

LIBRAIRIE D'AMYOT

8, rue de la Paix

MDCCCLIV

MÉTAPHYSIQUE ÉLÉMENTAIRE

TYPOGRAPHIE DE CH. LAHURE
Imprimeur du Sénat et de la Cour de Cassation
rue de Vaugirard, 9.

PETIT TRAITÉ

DE

MÉTAPHYSIQUE ÉLÉMENTAIRE

TRADUIT DE L'ALLEMAND

DE SNELL

PAR Mme HOËNE WRONSKI

des Académies de Turin, Montpellier, Vaucluse, etc.

suivi de quelques considérations

SUR LA PHILOSOPHIE ABSOLUE

Ce petit traité est particulièrement destiné aux femmes des classes élevées de la société; c'est-à-dire à celles qui, si elles en ont la tendance, peuvent employer leur loisir à se donner une haute culture intellectuelle.

PARIS

LIBRAIRIE D'AMYOT

8, rue de la Paix

MDCCCLIV

A MADEMOISELLE

VÉTURIE D'ESPAGNE.

Permettez-moi, chère demoiselle, de vous faire hommage de ce petit Traité didactique, à vous, dont la supériorité intellectuelle rehausse encore les vertus privées. Vous êtes, pour nous autres femmes, un noble exemple qui nous montre que les plus hautes spéculations de l'esprit, ainsi que vous l'avez prouvé dans vos recherches philosophiques, peuvent très-bien s'allier à la règle stricte de nos devoirs intimes; et que, lorsque nous le voulons, nous pouvons, quand notre position de fortune le permet, trouver du temps pour tout, c'est-à-dire du temps pour cultiver en nous le VRAI, comme, en général, nous y cultivons le BIEN.

Ce petit TRAITÉ est extrait d'un ouvrage de philosophie élémentaire, qui, depuis longtemps, est, en Allemagne, dans les mains de toute la jeunesse studieuse de ce savant pays. Je l'ai traduit le plus succinctement possible et dans le style concis que comporte le sujet, qui est assez ardu. Dans les ouvrages de pure imagination, le style est tout, car il n'y a point de savoir; mais, dans ceux où il n'est question que du savoir lui-même, comme dans celui-ci, on ne doit pas, et vous le savez très-bien, chère demoiselle, y ajouter d'ornements étrangers, de crainte d'en altérer la précision et la propre et saisissante efficacité.

Ayant surtout donné à ce petit Traité la destination d'inspirer aux femmes le désir d'un savoir élevé, et même, si cela était possible, d'un savoir *absolu*, j'ai marqué dans des notes les sources où l'on peut trouver ce savoir absolu, arrivé, de nos jours, par les ouvrages de Wronski, à sa plus haute perfection.

Vous qui avez eu le bonheur d'entendre, il y a encore bien peu de temps, cet illustre et vénéré maître, vous savez, chère demoiselle, avec quelle facilité il nous développait ses créations les plus abstraites et les plus sublimes, dans toutes les parties du savoir humain; et comment, par ses explications si riches, si fécondes, et que, cependant, il savait rendre si simples, la VÉRITÉ nous apparaissait bientôt dans toute la clarté de son évidence incontestable.

Mais, hélas! cette voix irrésistible s'est tue à jamais.... Et malheureusement, pour nous autres femmes, ces sujets abstraits sont traités dans les ouvrages du maître, d'une manière si profonde pour le contenu, et si didactique pour la forme, que les hommes, dont la raison est bien autrement forte et exercée que la nôtre, trouvent eux-mêmes que ces ouvrages sont très-difficiles à comprendre; et cependant, comme je voudrais qu'au moins nous pussions entrevoir quelques-unes des belles réalités, déposées comme de purs diamants dans les mines fécondes de ces travaux, encore si peu exploitées par les hommes, j'ai extrait de l'APODICTIQUE[1], ouvrage encore inédit, quelques créations de réalités qui conviennent parfaitement à notre sexe, et je les joins ici, à la fin de ce petit traité. — Je désire que les femmes y reconnaissent les principes divins qui doivent toujours soutenir et vivifier, dans ce monde, leurs âmes célestes, et leur donner, pour le monde éternel, cette existence immortelle qui sera le *résultat nécessaire* de la réalisation *en nous* du VRAI et du BIEN, ces deux éléments sublimes de la réalité de l'univers, et par conséquent de la réalité de l'âme humaine.

Adieu, chère demoiselle,

Toujours votre toute dévouée,

Vve WRONSKI.

Paris, 1854.

1. APODICTIQUE OU ÉTABLISSEMENT PÉREMPTOIRE DE LA VÉRITÉ SUR LA TERRE, développement de toutes les réalités du monde par la loi de création, dont le prototype est dans le deuxième volume de la *Réforme du savoir humain*, pages 523-540.

TABLE DES MATIÈRES.

PREMIÈRE PARTIE.

MÉTAPHYSIQUE.

DEUXIÈME PARTIE.

QUELQUES CONSIDÉRATIONS SUR LA PHILOSOPHIE ABSOLUE.

FIN DE LA TABLE.

PETIT TRAITÉ
DE
MÉTAPHYSIQUE ÉLÉMENTAIRE.

PREMIÈRE PARTIE.

MÉTAPHYSIQUE.

§ 1.

Les connaissances des hommes ont leur origine ou dans l'expérience ou dans la raison humaine elle-même. Les premières se nomment CONNAISSANCES EXPÉRIMENTALES, les secondes, CONNAISSANCES RATIONNELLES. Mais il faut bien remarquer que cette différence se rapporte seulement à l'ORIGINE des connaissances ; car, pour l'élaboration et l'application de ces mêmes connaissances, l'expérience et la raison doivent être unies.

D'une part, la raison doit saisir, coordonner et soumettre à une forme systématique la matière que lui fournit l'expérience ; et de l'autre part, pour ce qui concerne les connaissances qu'elle crée elle-même, elle doit les confronter, les comparer avec l'expérience, les éclaircir, et les expliquer par des exemples.

§ 2.

La MÉTAPHYSIQUE appartient aux sciences rationnelles, parce qu'elle s'occupe des vérités conçues par la seule raison. Elle traite : 1° des propriétés les plus générales des choses en elles-mêmes; cette partie se nomme ONTOLOGIE; 2° des trois principaux objets des recherches de la raison, qui sont : le monde en général, l'âme humaine, l'Être suprême (*ens a se*), ou Dieu. Ces parties se nomment COSMOLOGIE RATIONNELLE, PSYCHOLOGIE, et THÉOLOGIE RATIONNELLE. Nous ne nous occuperons ici que des deux premières parties.

I. ONTOLOGIE. — Des CHOSES en général, de leur POSSIBILITÉ, de leur EFFECTIVITÉ et de leur NÉCESSITÉ.

§ 3.

L'idée la plus universelle de toutes est celle d'une CHOSE en général ou de QUELQUE CHOSE. On sous-entend par là tout ce qui peut être pensé, que cela existe ou non. Toute chose que l'on peut penser ne doit pas contenir des attributs qui se contredisent eux-mêmes. Ce qui se contredit soi-même est un NON-SENS, un RIEN (*non ens*), par exemple, un cercle carré, du fer de bois.

§ 4.

Ce qui ne se contredit pas soi-même est POSSIBLE et ce qui se contredit est IMPOSSIBLE. A toute chose qui est possible, des deux attributs contradictoires, il n'y en a qu'un qui lui appartienne, l'autre ne lui appartient pas.

La THÈSE DE CONTRADICTION (*principium contradictionis*) qui contient la condition de toute possibilité, s'exprime ainsi : TOUTE CHOSE NE PEUT A LA FOIS ÊTRE ET N'ÊTRE PAS, quel qu'en soit l'attribut; par exemple, une fleur ne peut pas à la fois être jaune et n'être pas jaune.

§ 5.

Si une chose, sans être considérée en liaison avec d'autres, ou sans avoir égard à d'autres circonstances, est possible ou impossible, elle est alors ABSOLUMENT possible ou impossible en SOI. Par exemple, il est possible en soi qu'un triangle linéaire soit équilatéral, mais il est impossible en soi qu'il ait quatre côtés. — Si, au contraire, une chose est en liaison avec d'autres, et si elle peut être possible ou impossible eu égard à certaines circonstances, elle est alors sans *conditions* (hypothétiquement) possible ou impossible; par exemple, qu'un certain corps (du bois, du fer, un homme) puisse flotter ou nager sur l'eau, cela est, sous certaines conditions, c'est-à-dire RELATIVEMENT possible ou impossible.

On se trompe rarement sur la possibilité ou l'impossibilité *absolue* d'une chose; mais, on se trompe souvent sur sa possibilité ou impossibilité *relative* (hypothétique), si les circonstances, qui ont de l'influence sur elles, ne sont pas assez connues, ou si l'on n'y réfléchit pas d'une manière convenable.

§ 6.

Lorsqu'une chose peut avoir ou ne pas avoir une certaine qualité, elle est encore *indéterminée* à cet égard. Mais, si une certaine qualité ou son contraire peuvent lui être attribués, elle se trouve alors déterminée toujours à cet égard. Par exemple, un homme en général peut être européen ou non européen, savant ou non savant, enfant ou homme fait, etc. Seulement il est ici déterminé qu'un seul homme (*individuum ens singulare*) peut posséder l'un ou l'autre de ces deux attributs contradictoires.

Les déterminations (*determinationes*) sont alternativement affirmatives ou négatives.

En outre, elles sont ou intérieures ou extérieures. Par exemple, que l'homme ait une âme raisonnable, c'est là une détermination intérieure, parce qu'elle lui vient de sa propre nature, *essentiellement;* mais, qu'il soit père, souverain ou sujet, ceci appartient aux déterminations extérieures ; ce sont les relations (*relationes*) dans lesquelles il se trouve par rapport aux autres *choses.*

§ 7.

Les principales déterminations intérieures, celles qui contiennent le principe des autres, sont les parties *fondamentales* (*essentialis*). Elles constituent l'être (*essentiam*) d'une chose. Par exemple : 1° l'homme consiste en un *corps organisé* et en une *âme raisonnable;* 2° le triangle consiste en trois lignes qui forment *trois côtés* contenant un espace. Ce sont là les *parties essentielles;* personne ne peut nier que l'idée ne soit complète, et que, par exemple, trois lignes seules, ou des lignes qui embrassent un espace ne constituent pas le triangle.

§ 8.

Le reste des déterminations intérieures (*affectiones*) proviennent nécessairement de l'être lui-même (*essentiala consecutiva*), ou n'en sont que des qualités purement accidentelles (accident). Par exemple : 1° L'homme est un être moral, il a un corps matériel. Un triangle a trois côtés. — 2° Un certain homme est savant, rusé, grand, petit, noir, coloré. Un triangle est équilatéral ou n'est pas équilatéral.

Pour qu'une chose reste la même, il faut que les qualités ESSENTIELLES soient invariables. Mais, les *accidents* et les *relations* peuvent changer sans que l'*être* soit détruit.

§ 9.

Une chose existe, lorsqu'elle est non-seulement dans la pensée, mais lorsqu'elle est aussi présente hors de la pensée, ou qu'elle est la représentation d'un objet qui, du dehors, correspond avec l'esprit. Une chose existant réellement est donc, quelles que soient d'ailleurs ses qualités essentielles et toutes ses autres affections possibles, complétement déterminée, non pas simplement parce qu'elle est *pensée*, mais aussi parce qu'elle *est là* présente hors de la pensée.

L'idée d'un homme en général est, en vue d'une foule de qualités diverses, encore indéterminée; c'est seulement l'idée d'un homme possible. Mais, un homme qui existe réellement est déterminé d'une manière complète. Chaque attribut ou son contraire peuvent lui convenir. Il peut, par exemple, être noir, ou n'être pas noir, généreux ou non généreux, âgé de vingt ans, ou non âgé de vingt ans, etc.

§ 10.

A chaque chose sont attribués, par rapport à ses qualités, l'UNITÉ, la VÉRITÉ, l'ORDRE et la PERFECTION (dans le sens métaphysique. *Propriétes ontologiques* ou *entéléchies*). (Omne ens est unum, verum, bonum et perfectum.) La liaison des diverses déterminations qui, dans l'être d'une chose, en font un tout, constitue son unité. — Sa vérité consiste en ce qu'aucun de ses divers caractères ne doit se contredire, car, autrement, ils s'annuleraient l'un l'autre. Comme toutes les déterminations intérieures et extérieures d'une chose sont, ou complétement ou en partie, fondées sur son être même, elles doivent s'accorder. L'accord de ces variétés, d'après certaines règles, en constitue l'ordre et la perfection.

§ 11.

Une chose est NÉCESSAIRE dont le contraire est impossible. — Elle est ABSOLUMENT NÉCESSAIRE quand le contraire est absolument impossible. Par exemple, les parties essentielles d'une chose appartiennent d'une manière absolument nécessaire à l'être de cette chose. Il en est de même pour les principes de la raison ; par exemple, que le tout est plus grand que sa partie, que chaque changement a sa raison d'être, etc. ; ce sont là, pour chaque homme, et dans tous les temps, des vérités absolument nécessaires.

Une chose est HYPOTHÉTIQUEMENT NÉCESSAIRE dont le contraire est hypothétiquement impossible.

L'ACCIDENTEL est lorsque le contraire d'une chose est possible, par exemple un triangle peut être tracé sur du papier, ou sur une table, ou sur un terrain. Il peut être fait ou plus petit ou plus grand, etc. — Toutes les relations et tous les attributs d'une chose sont accidentels.

II. De la SUBSTANCE et de l'ACCIDENT, de la CAUSE et de l'EFFET, et de leur ACTION RÉCIPROQUE.

§ 12.

Ce qui, dans une chose réelle, est persistant, ce qui la constitue et ne change pas, est sa SUBSTANCE. Les propriétés variables, qui sont inhérentes à une substance, sont les ACCIDENTS. Par exemple, la substance d'une pièce d'or a pour accidents la couleur, l'éclat, la figure, l'empreinte, etc. — Chaque substance a ses accidents qui peuvent varier, mais qui ne peuvent jamais se constituer seuls, et ne sont réels que comme déterminations d'une substance.

§ 13.

Lorsqu'une chose ou le changement d'une chose sont fondés sur une autre, ils sont alors en relation de CAUSE et d'EFFET. La liaison de la cause à l'effet se nomme CONNEXION CAUSALE.

§ 14.

Les expériences que nous faisons sur les changements de notre propre état et sur celui des choses qui nous entourent, nous apprennent que la cause et l'effet sont liés dans le monde. Par exemple, toutes les REPRÉSENTATIONS, LES SENSATIONS, LES CONCLUSIONS, ont leurs causes (*principes*) ou dans un état préalable de l'âme, ou dans les choses extérieures. La croissance, la verdure, la dessiccation des plantes, ont leurs causes dans la nature, etc.

§ 15.

Outre cela, il existe une LOI DE L'ESPRIT HUMAIN par laquelle nous nous représentons tous les changements, non-seulement ceux dont nous découvrons le principe par l'expérience, mais, en général, tous ceux qui s'opèrent dans le monde, comme étant en liaison de cause et d'effet. Cette THÈSE D'UNE RAISON SUFFISANTE (*principium rationis sufficientis*) peut s'exprimer de la manière suivante : CHAQUE EFFET DOIT AVOIR UNE RAISON SUFFISANTE DONT IL EST LA SUITE, ET IL DEVIENT LUI-MÊME, A SON TOUR, LA RAISON SUFFISANTE D'UN AUTRE EFFET. Il résulte de cette thèse, que si la cause est suffisante, l'effet s'en suit, et que si la cause n'est pas suffisante, ou n'agit qu'en partie, l'effet ne s'en suit pas, ou ne se produit qu'en partie. — Diverses causes ont divers effets, et réciproquement.

L'enfant, qui n'a encore fait que peu d'expériences, demande toujours la cause du changement; il suppose qu'il doit y avoir une cause à ce changement, et cela avec raison, car c'est une loi générale de l'esprit humain que les choses et leurs changements se trouvent soumis à cette *loi de causalité*.

§ 16.

A un seul effet sont souvent liées plusieurs causes (*causæ concurrentes*), les unes principales, les autres secondaires (*causæ principales et secundariæ*) ; lesquelles ont plus ou moins de part dans l'effet produit par elles. Si A est le principe de B, et que B soit le principe de C, A sera aussi le principe de C. Mais ce principe A est médiat ou éloigné, tandis que B est principe immédiat ou le plus proche de C. Par exemple, la *foudre* tombe sur un magasin à poudre, le *feu* prend au bâtiment dont un *mur s'écroule* et *tue* un homme.

Les causes qui se succèdent en une série sont ou ESSENTIELLEMENT SUBORDONNÉES entre elles (*essentialiter subordinatæ*) si, comme dans l'exemple précédent, les plus éloignées et les plus proches de l'effet y contribuent également, ou bien elles sont ACCIDENTELLEMENT SUBORDONNÉES entre elles (*accidentaliter subordinatæ*), comme dans l'exemple suivant : Philippe est le père d'Alexandre, ce dernier fait des actions héroïques ; Philippe n'est ici que la cause accidentelle des hauts faits d'Alexandre.

§ 17.

Chaque série de causes subordonnées a toujours une première cause, quand même la série serait aussi étendue qu'on voudrait la supposer. Car, si on procède dans l'examen des causes par la voie régressive, on trouve toujours qu'une cause est elle-même l'effet produit par une cause précédente, que cette dernière a de nouveau sa cause, et que, de cette manière, on doit ainsi arriver à une première cause qui n'est point produite par d'autres causes qui la précèdent ; si l'on ne voulait point admettre ce raisonnement, mais remonter dans la série jusqu'à l'infini, on trouverait qu'elle n'a aucun principe suffisant, ce qui serait tout à fait en opposition avec la loi ci-dessus mentionnée.

Un être qui n'est produit par aucun autre, a le principe de son existence en soi-même (*ens a se*). Il n'a point de commencement; il est éternel, indépendant et nécessaire[1]. Un être qui a un commencement, a son principe dans un autre (*ens ab alio*).

§ 18.

En tant qu'une substance contient en elle le principe de ses accidents et de ceux d'une autre chose, on lui attribue une FORCE. Chaque substance a donc une force.

Une force est ou n'est pas suffisante pour produire un effet. La résistance opposée à une force par d'autres forces peut souvent l'empêcher d'agir. Par exemple, la force d'un cheval suffit pour tirer une charrette, mais elle ne suffit plus pour qu'il puisse se détacher d'un fort poteau auquel il serait bien lié.

§ 19.

Deux ou plusieurs choses, qui agissent alternativement l'une sur l'autre, ont entre elles une INFUENCE RÉCIPROQUE. C'est là le rapport de l'action et de la réaction.

Une substance a le POUVOIR D'AGIR SUR D'AUTRES SUBSTANCES (*facultatem sub potentiam activam*), elle a de plus une RÉCEPTIVITÉ (*potentiam passivam*) à se laisser modifier par d'autres choses. Par exemple, deux hommes parlent entre eux, et par

1. On voit clairement ici que, par la *loi de causalité*, la raison humaine est amenée, en remontant toujours des effets aux causes, à l'idée d'un *être qui porte en soi-même le principe de son existence*. — Personne ne peut nier que ce ne soit là le premier rayon de l'ABSOLU dans l'homme. — Mais, ce n'est encore ici qu'une faible lueur de l'un des éléments de ce principe suprême. On peut voir, dans la *création de Dieu* (page 523 de la *Réforme du savoir humain*, vol. II), tout le développement accompli de cette nécessaire et irréfragable tendance, qui a atteint son but, et qui est devenue si lumineuse et si féconde dans la haute raison de Wronski, par la découverte de l'essence elle-même de l'ABSOLU. (*Note du traducteur.*)

leurs discours, ils agissent réciproquement sur leurs idées respectives, et reçoivent ainsi, par l'audition, l'objet de ces idées.

III. De la QUANTITÉ et de la QUALITÉ. — De la RESSEMBLANCE et de l'ÉGALITÉ DES CHOSES.

§ 20.

Toutes les choses ont une **GRANDEUR**. La grandeur (*quantitas*) est **EXPANSIVE** ou **INTENSIVE**. La première ne se fait remarquer que successivement, la dernière s'aperçoit sur-le-champ. Par exemple, le temps, l'espace, et les choses, qui ont une extension dans l'espace et une durée dans le temps, ont une grandeur expansive. Le degré de chaleur d'un corps, le degré ou la force de la clarté du soleil, de la lune, d'une lampe, etc., sont des forces intensives.

§ 21.

La grandeur expansive est ou **CONSTANTE** (*quantitas continua*), lorsqu'elle est liée en un tout ; par exemple, une pièce de terre, une ligne ; ou bien, elle est **VARIABLE** (*quantitas discreta*), lorsqu'une grandeur est formée d'une quantité de choses qui, étant séparées de la masse, forment elles-mêmes un **TOUT** distinct ; cette grandeur est alors agglomérée et non pas liée : par exemple, un monceau de pièces d'or, un amas de grains.

§ 22.

Toute chose, emplissant l'espace, a trois dimensions : longueur, largeur et profondeur. Sa portion d'espace a pour limites des surfaces qui ont seulement une longueur et une largeur, mais point de profondeur. Les plans ont pour limites des **LIGNES** qui n'ont qu'une longueur et point de largeur ni de profondeur ; et enfin, les lignes ont pour limites, des deux côtés, des POINTS qui ne sont pas divisibles, et qui n'ont ni longueur, ni largeur, ni profondeur.

§ 23.

On ne peut donner une idée claire de la quantité d'une chose, si l'on n'a pas une certaine mesure à laquelle on puisse la comparer; par exemple, pour donner une idée juste du mille romain, ou de la parasange persique, il faut savoir combien ces anciennes mesures contenaient de pieds, de toises, ou de pas de nos mesures modernes, etc.

§ 24.

Les QUALITÉS d'une chose sont des propriétés autres que sa grandeur; et l'on peut très-bien indiquer ces qualités sans parler d'une mesure quelconque. Par exemple, un boulet de canon, outre sa quantité, a la qualité d'être rond, en fer, etc. Cela peut clairement se désigner sans donner aucune mesure.

§ 25.

Les QUALITÉS sont en partie les RÉALITÉS d'une chose, et aussi en partie le manque de réalités, ou autrement des qualités NÉGATIVES. Par exemple, la santé et la maladie. La grandeur d'une réalité est intensive, c'est-à-dire, qu'elle peut, par degré, ou s'augmenter ou s'affaiblir. Toute chose qui, eu égard au degré de réalité, a des bornes, est une chose finie; ce qui est sans limites, toujours dans cette vue, est un être infini. Toutes les choses finies ont des LIMITES.

§ 26.

Deux choses sont ÉGALES (*æqualia*), lorsqu'elles ont la même quantité; dans le cas contraire, elles sont INÉGALES. Deux choses qui ont les mêmes qualités, quoique leurs grandeurs soient différentes, sont semblables (*similia*) ; dans le cas contraire, elles sont DISSEMBLABLES. Par exemple, deux portraits d'une même personne, dont l'un est dans un petit médaillon et l'autre sur une grande toile ; deux cercles, l'un plus grand, l'autre plus petit, sont semblables quoique inégaux. Lorsque deux choses sont, à la fois, semblables et égales, elles sont IDENTIQUES (*congruentia*), l'une peut être mise à la place de l'autre.

La THÈSE DE NON-DISCERNABILITÉ (*principium indiscernibilium*), comme la nomment les philosophes, qui établit qu'on ne peut pas trouver deux choses parfaitement égales en quantité et en qualité, cette thèse, disons-nous, ne peut pas se prouver hors des principes de la raison, c'est-à-dire qu'elle ne peut se prouver qu'*à priori.*

IV. De l'ESPACE et du TEMPS.

§ 27.

Toutes les choses que nous pouvons vérifier par l'expérience sont liées ou à l'espace ou au temps, ou à tous deux conjointement. Les choses qui sont en dehors l'une de l'autre, ou qui sont près l'une de l'autre, se trouvent dans l'espace. Les choses qui se succèdent l'une l'autre sont dans le temps. Par conséquent, il ne peut se trouver dans l'espace que des choses corporelles qui le remplissent, et dans le temps que des circonstances qui s'y passent successivement ; par exemple, les représentations, les déterminations de l'âme, les variations du monde physique, etc.

§ 28.

De l'idée de l'espace proviennent plusieurs autres idées ; par exemple, celle de la DISTANCE ou de l'éloignement d'une chose de l'autre dans l'espace ; pour le lieu : la situation d'une chose par rapport à une autre ; pour la FIGURE : les limites de l'espace qui contient une chose ; pour le MOUVEMENT : le changement de lieu dans l'espace. L'espace a, comme les corps qu'il contient, trois dimensions ; autrement dit, chaque partie distincte de l'espace a une longueur, une largeur et une profondeur.

On peut se représenter l'espace comme étant entièrement vide, c'est-à-dire comme ne contenant rien de matériel, ou comme étant entièrement plein.

§ 29.

Lorsque nous nous représentons le temps comme quelque chose d'extensible, c'est sous la forme d'une ligne dont chaque point représente un moment du TEMPS écoulé. De l'idée du temps proviennent celles de la DURÉE d'une chose, du **PASSÉ**, du **PRÉSENT**, de l'**AVENIR**, et de l'**ÉTERNITÉ** ou d'un temps sans commencement ni fin.

On peut aussi se représenter le temps comme rempli ou comme vide d'événements.

§ 30.

Les idées du temps et de l'espace sont, dans notre esprit, incommensurables ; nous ne pouvons nous représenter aucun lieu et aucune époque auxquels l'espace et le temps puissent n'avoir pas été, ou ne devoir plus être.

V. Du SIMPLE et du COMPOSÉ.

§ 31.

Une chose COMPOSÉE (*ens compositum*) est celle qui est formée de plusieurs parties ; une chose SIMPLE, **MONADE** (*ens simplex*), est celle qui n'est formée d'aucune partie séparable.

§ 32.

On ne peut observer dans l'espace que les substances composées, extensibles, que l'on nomme CORPS. Si les corps consistent en des parties simples qui ne peuvent plus être décomposées ultérieurement, elles échappent à l'expérience. En effet, si l'on cherche, en séparant les parties subtiles des corps, à en dégager les parties constituantes, les éléments, ces parties constituantes, élémentaires, restent elles-mêmes des choses composées qui, à leur tour, peuvent encore être séparées indéfiniment (et cela n'est pas possible pour l'homme).

On attribuait autrefois à la doctrine des MONADES (*ens simplex*) bien plus d'importance qu'elle n'en mérite réellement. Sous le nom de MONADE, on entend une chose entièrement simple, sans aucune figure, n'occupant aucun espace, et n'étant point divisible. Si les choses composées éprouvent des changements, les parties qui les composent doivent nécessairement se mouvoir, donc une monade, qui n'a aucune partie appréciable, doit se modifier d'une autre manière. Elle doit tout à coup naître ou s'évanouir, il faut alors qu'elle soit créée de rien. Ceci, et plusieurs autres thèses sur les monades, peut, à la vérité, être un objet de la pensée, mais ne peut nullement être démontré par l'expérience. En outre de cela, il y a encore d'autres systèmes qui établissent pourquoi l'effectivité des monades ne peut pas être prouvée ; mais il est inutile d'en parler ici.

§ 33.

Les corps, ou les choses composées, extensibles, qui remplissent l'espace, sont, ou l'objet des mathématiques si l'on mesure leur grandeur (quantité), ou l'objet de la physique, si l'on détermine, par l'expérience, leurs autres propriétés (qualités). Les propriétés générales, qui appartiennent à tous les corps, sont démontrées dans la HAUTE PHYSIQUE ou la MÉTAPHYSIQUE DE L'HISTOIRE NATURELLE.

§ 34.

Les propriétés générales sont, dans tous les corps : 1° l'EXPANSION ; 2° l'IMPÉNÉTRABILITÉ (là où la matière d'un corps existe, il ne peut, à la fois, y avoir un autre corps) ; 3° la DIVISIBILITÉ, puisque les corps remplissent l'espace ; 4° la MOBILITÉ, ou la faculté de changer de lieu ; 5° enfin, tous les corps ont une force attractive et une force répulsive. Par ces forces, la formation de corps isolés et distincts est possible ; et par elles s'expliquent très-bien les mouvements des corps célestes, les mouvements des corps sur notre terre, leur impulsion vers son centre de gravité, ou la loi de la PESANTEUR, et ainsi de tous les autres phénomènes du monde physique.

VI. Cosmologie rationnelle.

§ 35.

Sous l'expression du MONDE, la COSMOLOGIE RATIONNELLE n'entend pas seulement l'espèce humaine existante, ou notre terre, ou notre système solaire. La cosmologie pose pour base l'idée générale d'un MONDE UNIVERSEL, où tous les mondes possibles sont contenus. Le MONDE EST L'ENSEMBLE DE TOUTES LES CHOSES FINIES ; c'est un TOUT QUI N'EST POINT UNE PARTIE D'UN AUTRE TOUT. Les choses qui constituent ce tout peuvent être différentes de toutes les manières possibles.

En outre de notre monde réel, d'autres mondes sont encore possibles, où les choses ont de tout autres propriétés ou forces, et où elles peuvent se trouver en de tout autres liaisons et rapports que dans notre monde actuel.

§ 36.

Hors de cette idée générale, nous ne pouvons rien savoir de positif concernant le monde dans son universalité. Différentes thèses que l'on avait admises jadis dans la cosmologie sur l'ensemble de l'univers ne peuvent être prouvées d'une manière irréfragable (apodictique) dans cette rigoureuse universalité; mais, si nous comparons avec les lois de notre raison ce que nous savons du monde réel par l'expérience, nous en tirons la déduction de quelques thèses qui, eu égard à notre monde, ont une validité générale; ce sont les suivantes : 1° tout, dans le monde, est dans un ENCHAÎNEMENT de causes et d'effets; 2° tout y est coordonné d'après une certaine FINALITÉ; 3° la réalité d'aucune chose dans le monde n'est ABSOLUMENT nécessaire; 4° le monde réel est plus parfait que tous les mondes possibles. Nous allons développer ultérieurement ces quatre thèses.

§ 37.

1° Les événements naturels sont ceux qui, d'après les lois de la nature, arrivent par un enchaînement de causes et d'effets. Ceci est le cours ou l'ordre de la nature : par exemple, la chute de la pluie, de la neige, la formation de la foudre, la croissance et le desséchement des plantes, sont des événements naturels. La raison de l'homme est ainsi faite, qu'elle s'efforce toujours de découvrir dans tous les événements le naturel enchaînement des causes et des effets. De cela il résulte qu'une qualité générale inhérente à chaque chose est qu'elle est en partie liée à d'autres choses comme cause, et en partie à d'autres comme effet.

Il n'y a donc pas lieu d'admettre que, par un aveugle hasard, les événements arrivent et se succèdent sans causes. On ne peut pas admettre non plus que, dans le cours des causes, un SAUT brusque puisse arriver : par exemple, qu'un événement c, sans sa cause immédiate B, puisse provenir de sa cause médiate A (*non est saltus in rerum natura*).

§ 38.

2° Une autre loi de notre raison exige non-seulement que les choses et les événements soient considérés en liaison de causes et d'effets, mais encore comme étant coordonnés et liés entre eux par une certaine finalité.

Les choses, dans le monde, s'établissent entre elles comme BUT et MOYEN. Ainsi, par exemple, le soleil sert à éclairer et à échauffer la terre ; les plantes servent à la conservation des animaux et des hommes ; les animaux sont destinés en partie pour les hommes, et en partie pour d'autres animaux, etc.

Les créatures raisonnables sont à elles-mêmes leur PROPRE BUT ; mais les créatures non raisonnables sont MOYEN pour d'autres créatures. Il serait donc absurde que le monde fût habité seulement par des créatures animées, vivantes, mais sans raison. Un monde doit contenir, comme point central de ses buts, des êtres raisonnables; car eux seuls sont en état de reconnaître la beauté, l'ordre, la convenance et la finalité du monde, et d'en faire usage d'après des vues raisonnables.

§ 39.

3° Le DESTIN (*fatum*), ou l'aveugle nécessité, ne peut pas non plus être admis, en vue de l'existence des choses et des événements; car toute chose est nécessaire dont l'opposé est impossible, parce que le contraire serait contradictoire. Mais nous pouvons nous représenter le monde entier et toutes les choses qu'il contient comme n'existant pas; par conséquent, nous le regardons comme étant accidentel.

Il n'y a que l'être en soi (*ens a se*) qui soit absolument néces-

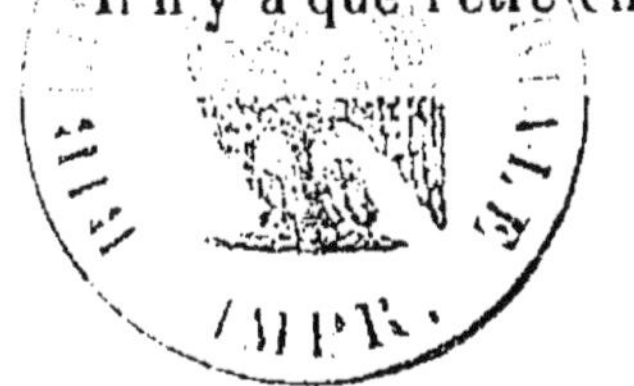

saire, parce qu'il ne dépend de rien autre que de lui-même, et qu'en conséquence, il existe de toute éternité [1].

§ 40.

4° Le monde actuel doit être considéré comme le plus parfait de tous les mondes possibles. Cette thèse ne doit pas seulement s'entendre d'une partie du monde (par exemple, de notre terre et des hommes existants aujourd'hui), mais du monde, en général, dans ce qu'il fut, ce qu'il est, et ce qu'il sera à l'avenir. Cependant on doit bien se figurer que le meilleur monde, qui consiste en choses finies, et nécessairement bornées, ne peut être considéré, dans le sens absolu, comme étant parfaitement accompli.

Cette doctrine est ici simplement sous-entendue; mais elle peut véritablement être prouvée par la doctrine de Dieu, l'influence de ses perfections et de sa providence dans le monde. Ceci est l'objet de la MORALE RELIGIEUSE, dont nous ne nous occuperons point dans ce petit traité.

Si l'on s'en tient à la seule expérience, il en résulte la thèse : qu'on ne peut pas démontrer que ce monde soit le meilleur possible, parce que le mal moral et les imperfections physiques paraissent le plus souvent dominer le bien moral et le bien-être physique des hommes; mais cependant si l'expérience ne peut pas prouver la perfection du monde, elle ne peut pas non plus contredire cette doctrine de perfection, parce que la liaison du passé avec le présent et l'avenir lui est inconnue, et qu'elle ne peut embrasser qu'une très-petite partie du tout [2].

1. Voyez, pour le développement de ce principe ou *être en soi*, la CRÉATION PROPRE DE DIEU, ordre I du prototype de la création de l'univers, dans la *Réforme du savoir humain*, vol. II, page 523. Cet ouvrage, ainsi que tous les ouvrages philosophiques de Wronski se trouve chez M. Amyot, rue de la Paix, n° 8. (*Note du traducteur.*)

2 On peut voir dans le Prototype de la création de l'univers (*Réforme du*

VII. Psychologie rationnelle[1].

§ 41.

L'homme n'est pas seulement composé d'un corps organique, mais il possède de plus une âme raisonnable. Nous sommes conscients de ce qu'il y a en nous quelque chose qui pense. Cet être pensant est l'AME ou le MOI. Dans la psychologie rationnelle, nous cherchons, hors de l'expérience, à connaître, autant que possible, les facultés et les forces de cet être pensant, ou de l'âme : par exemple, ce que c'est que la sensibilité, l'imagination, la mémoire, l'entendement, etc.

§ 42.

La psychologie rationnelle s'occupe uniquement des propositions ou thèses qui, sans aucun secours de l'expérience, dérivent de la seule conscience du moi. La principale est celle-ci : la REPRÉSENTATION DU MOI, DE CE QUI PENSE EN NOUS, ACCOMPAGNE TOUTES LES AUTRES REPRÉSENTATIONS DE L'AME. — A la vérité, nous ne pouvons pas de cette conscience, de cette faculté de penser, tirer la connaissance de la nature propre de l'âme; mais nous pouvons, d'après la sérieuse analyse de la précédente thèse principale et vraie, induire quelques autres thèses secondaires également vraies; les voici :

savoir humain, pages 525-548) ce qu'il en est de la valeur des idées débattues ici sur la perfection ou l'imperfection du monde.

1. On peut voir dans le Prototype déjà cité, de la création de l'univers, la vraie *Psychologie rationnelle*, sous le titre de *Création propre de l'Homme*. (*Homme immortel*.) (*Note du traducteur*.)

§ 43.

1° Je ne puis me représenter mon âme autrement que comme un SUJET auquel appartiennent plusieurs attributs. Par exemple, elle sent, elle désire, elle hait, etc., etc. Dans cette considération, nous pouvons nommer l'AME une SUBSTANCE qui est persistante en elle-même, qui ne change pas, mais dont les attributs et les facultés sont susceptibles de changement[1].

§ 44.

2° L'unité de la conscience m'apprend que je n'ai qu'une âme. C'est toujours en moi le même être qui sent, qui pense, qui prend des résolutions, etc., etc. Donc, ce serait contradictoire si l'on admettait qu'il peut y avoir dans un seul corps plusieurs âmes, dont les unes posséderaient les forces de la connaissance, et les autres, les forces de la volonté, et que, cependant, ces âmes seraient en harmonie; car, cela est complétement en opposition avec notre conscience.

§ 45.

3° Nous savons dès longtemps, que nous sommes les mêmes qui, depuis cinq, dix et plusieurs années en deçà, avons déjà pensé et agi, et que, par conséquent, notre propre MOI ne s'est point changé en un autre. — La représentation du MOI précède toutes les autres représentations; donc, le MOI est toujours le même, toujours tel qu'il fut auparavant (identique).

1. Les facultés de l'âme, dont parle ici le philosophe allemand ne sont que des parties de la psychologie expérimentale. Les facultés de l'*homme mortel*, en quoi consiste proprement la Psychologie, sont fixées dans les *Prolégomènes du messianisme*, pages 561-565, et constituent la première partie de *la Philosophie de la Psychologie*, dont l'*Homme immortel* constitue la seconde partie. (*Note du traducteur.*)

§ 46.

Je distingue ma propre existence, mon moi, de toutes les choses qui sont hors de moi; non-seulement je le distingue des corps étrangers, mais aussi de mon propre corps. — A). Les forces des corps sont expansibles, elles s'attirent et se repoussent mutuellement. Les forces de l'âme sont différentes : elle porte des jugements, elle tire des conclusions, elle désire, elle hait, etc. Les premières de ces forces, celles des corps, agissent par le mouvement de leurs parties; les secondes de ces forces, celles de l'âme, sont les pensées. — B). L'âme n'est point un objet des sens extérieurs, on ne peut ni la voir, ni l'entendre. On ne peut que remarquer son action dans le monde physique. Elle est donc d'une tout autre nature que la matière des corps, qui peuvent être reconnus par les sens extérieurs; et puisqu'il en est ainsi, nous pouvons nous représenter l'âme comme un corps SIMPLE, quoique cela ne puisse pas se prouver d'une manière irréfragable (apodictique).

Ceux qui admettent dans le monde deux substances dissemblables (hétérogènes), l'âme et le corps, se nomment DUALISTES; ceux qui n'admettent qu'une seule de ces substances, soit la substance simple, immatérielle, ou la substance composée, matérielle, se nomment MONISTES. Les premiers, qui nient l'existence des corps physiques, se nomment IDÉALISTES; les derniers, qui nient l'existence de l'esprit immatériel, se nomment MATÉRIALISTES.

§ 47.

Il y a encore ordinairement quelques autres questions soulevées par la psychologie rationnelle, nommément celles-ci : 1° de quelle manière est établie la communauté de l'âme et du corps? 2° quelle est l'origine de l'âme humaine? 3° quel est l'état de l'âme après la mort? On ne peut pas décider quelque chose de certain sur ces questions, pas plus qu'on ne peut, en tant qu'elle échappe à l'expérience, décider quelque chose de certain sur l'essence même de l'âme.

1° Quoique le véritable COMMENT de la communauté de l'âme et du corps soit caché pour nous, l'opinion la plus vraisemblable et la plus commune, est qu'une ACTIVE ET RÉCIPROQUE INFLUENCE a lieu entre ces deux substances[1].

2° Nous ne pouvons nullement savoir si les âmes des hommes furent créées dès le commencement du monde, et restèrent dans un état de non-conscience jusqu'à ce qu'elles fussent réunies à des corps; ou si l'âme, au moment de la naissance d'un homme, est tirée tout à coup du néant et unie aussitôt à son corps[2].

3° Enfin, ce que l'on peut savoir sur l'état de l'âme après la mort, et sur la preuve de son immortalité, est l'objet de la THÉOLOGIE RATIONNELLE[3].

1. On verra dans l'APODICTIQUE ce qu'il en est de cette mystérieuse *union* de l'âme et du corps.

2. On verra également dans l'*Apodictique*, ce qu'il en est de cette mystérieuse *création* de l'âme.

3. Voyez pour la vraie THÉOLOGIE RATIONNELLE l'*Epitre au Pape* (2e vol. de la *Réforme du savoir humain*) et les *Cent pages décisives* où se trouve aussi tout le développement du VRAI et du BIEN, depuis leur origine jusqu'à leur création absolue. (*Notes du traducteur.*)

FIN DE LA MÉTAPHYSIQUE ÉLÉMENTAIRE.

DEUXIÈME PARTIE.

QUELQUES CONSIDÉRATIONS
SUR LA PHILOSOPHIE ABSOLUE.

Après cet exercice élémentaire sur les connaissances rationnelles de l'esprit humain, qui sont déjà connues et qui ont dû nous servir ici de préparation pour arriver à des connaissances nouvelles, nous allons, pour légitimer ce que nous avons dit dans notre Dédicace :

« *Que nous désirons inspirer aux femmes qui en auront la tendance, le désir d'un savoir plus élevé et même absolu*, »

nous allons joindre à ce petit Traité métaphysique, quelques **RÉALITÉS ABSOLUES**, que nous avons extraites de l'**APODICTIQUE**, ouvrage encore inédit de Wronski, pour les offrir à la méditation de ces femmes distinguées ; il leur deviendra plus facile, par cette culture intellectuelle, toute spéciale et presque divine, de former des hommes supérieurs, à qui il ne faut pas laisser tout à faire dans l'âge adulte, par une coupable négligence apportée aux soins de la première éducation.

Il est parfaitement entendu que cette instruction purement philosophique doit marcher d'accord avec l'instruction religieuse, car elle est prise dans la philosophie absolue qui est destinée à donner à la simple croyance toute la force de la certitude, et à devenir ainsi l'invincible et puissante auxiliaire de la Religion [1].

1. Voyez l'Épitre au Pape dans la *Réforme du savoir humain*, vol. II, p. 397, en tête du volume; et pour l'étude approfondie de la philosophie absolue, lisez les *Prolégomènes du messianisme;* surtout de la page 29 à la page 183

Pour la complète intelligence de ce qui va suivre, il est nécessaire que nous donnions d'abord une idée de la loi de création, de ce moyen tout-puissant dont Wronski s'est servi pour constituer, d'une manière absolue, toutes les Réalités existantes, et pour donner ainsi à l'esprit de l'homme cette infaillibilité qui deviendra son partage dès qu'il se sera rendu propre cette loi *absolument créatrice*, et ses innombrables applications absolues qui constituent l'APODICTIQUE. — Et pour faire bien apprécier la valeur infinie de la loi de création, nous rendrons les esprits attentifs à cette considération, que c'est par *elle seule* que Wronski crée et incorpore, pour ainsi dire, la VÉRITÉ ABSOLUE dans toutes les réalités de l'univers [1].

Peut-être dira-t-on, lorsqu'on aura lu la fixation des Réalités que nous donnons ci-après : « *Nous savions tout cela?* » Oui, vous le saviez, comme Pythagore savait, lui, qui le premier a avancé cette idée, que la terre tourne autour du soleil. Mais, pour savoir avec certitude que cela était la *vérité même*, il a fallu attendre la venue de Kopernic [2].

et de la page 546 à la page 556, où l'on est amené graduellement à l'idée parfaitement développée de l'essence de l'ABSOLU.

Nous donnerons ici la signification de quelques mots philosophiques que Wronski n'a pas cru devoir expliquer pour les hommes, mais que les femmes ne comprendraient pas.

AUTOGÉNIE. = Production propre.
HÉTÉROGÉNIE. = Production étrangère.
AUTONOMIE. = Loi propre.
HÉTÉRONOMIE. = Loi étrangère.
AUTOTÉLIE. = But propre.
HÉTÉROTÉLIE. = But étranger.
HYPOSTASE. = Base ; par ex. de l'être absolu virtuel dans l'homme.

On trouvera ces mots difficiles ; mais on pense bien que la philosophie, cette reine du savoir, a son langage particulier à elle, comme chaque science a le sien.

1. Il a complétement établi cette loi de création, et d'une manière irréfragable, dans ses nombreux ouvrages mathématiques et philosophiques, et il en a donné la déduction didactique dans le premier volume de la *Réforme du savoir humain*, pages 41-64.

2. Il est à remarquer que la pieuse et sainte Pologne, à qui l'on dispute

C'est ainsi que l'esprit de l'homme, avant la découverte de l'ABSOLU, fixé par la loi de création, se perd irrésolu et nage incertain dans l'inextricable chaos des *idées* et des *faits* innombrables et toujours nouveaux qui se heurtent incessamment dans le monde, et qu'il devient, à cause de cette multiplicité et de cette indétermination, de plus en plus difficile de coordonner et d'embrasser par des lois. — Eh bien! Wronski arrive; il répète, après Dieu, son FIAT LUX, sa miraculeuse LOI DE CRÉATION; et soudain, à l'instar de Dieu, dont son esprit est une si noble parcelle, il débrouille le moderne chaos de la confusion des *faits* et des *idées*, et donne ainsi tout à coup, au savoir humain, une FIXATION DÉFINITIVE et une CERTITUDE ABSOLUE que rien désormais ne pourra détruire En effet, la loi de création établit à elle seule la création tout entière de toutes les réalités existantes, depuis la création propre de Dieu, jusqu'à celle des derniers êtres de la création de l'univers; et cela, dans toute leur perfection physique et rationnelle, comme on le verra dans l'APODICTIQUE, si Dieu permet qu'elle soit publiée.

Voici premièrement, comme nous l'avons annoncé, un exposé succinct de la partie théorique de cette admirable loi de création, arrachée par Wronski au flambeau sacré de la lumière céleste.

CONSTITUTION THEORIQUE DE LA LOI DE CRÉATION.

A) *Théorie.*

a) *Contenu* ou *constitution*.

a2) Partie *élémentaire*.

a3) Éléments *primitifs*.

a4) Élément *fondamental* ou *neutre* = (E. N.).

avec tant d'injustice et d'acharnement sa noble place sur la terre, semble s'être emparée du ciel. — Après Kopernic, Wronski vient, dans ses derniers travaux sur la *Mécanique céleste*, de compléter à jamais cette majestueuse couronne des sciences physiques; et enfin, dans la philosophie, il a découvert l'essence même de Dieu, l'ABSOLU, si longtemps et si infructueusement cherché par la savante et sublime Allemagne.

b4) Éléments *primordiaux* ou *polaires*.

a 5) *Elément-savoir* = (E. S.),

b5) *Elément-être* = (E. E.).

b3) Éléments *dérivés* ou *organiques*.

a4) *Immédiats* ou *distincts* :

a5) Combinaison de l'E. N. avec l'E. S. *Universel-savoir* = (U. S.).

b5) Combinaison de l'E. N. avec l'E. E. *Universel-être* = (U. E.).

b4) *Médiats* ou *transitifs* :

a5) Transition de l'Universel-savoir à l'Universel-être, *Transitif-savoir* = (T. S.).

b5) Transition de l'Universel-être à l'Universel-savoir, *Transitif-être* = (T. E.).

a2) Partie *systématique*.

a3) *Diversité* systématique.

a4) Influence *partielle*.

a5) Influence de l'Élément-savoir dans l'Élément-être, *Savoir-en-être* = (S. en E.).

b5) Influence de l'Élément-être dans l'Élément-savoir, *Être-en-savoir* (E. en S.).

b4) Influence *réciproque* de ces deux Éléments primordiaux, *Concours-final* = (C. F.).

b3) Identité *finale* dans la réunion systématique des deux éléments dérivés distincts, l'Universel-savoir et l'Universel-être, moyennant l'Élément-neutre qui leur est commun. = *Parité coronale* = (P. C.) [1].

Comme la Réalité est ce qui frappe d'abord notre intelligence dans le monde, nous allons lui appliquer ici la loi de création, mais seulement dans ses trois éléments primordiaux et dans ses deux éléments immédiats ou distincts qui nous suffisent ici. Mais,

1. On ne se sert, dans la fixation des réalités que des abréviations de la loi de création, (E. N.), (E. S.), etc., etc.

comme il faut la bien étayer dans l'esprit, nous donnerons de plus, immédiatement, sa définition et sa déduction philosophiques ; ce qui nous rendra plus facile l'entente ultérieure de ce petit ouvrage.

RÉALITÉ.

(*Savoir suprême.*)

A) *Théorie.*
 a) *Contenu* ou *constitution.*
  a2) Partie *élémentaire.*
   a3) Éléments *primitifs.*
    a4) Élément *fondamental* ou *neutre* (E. N.) = **Réalité** (comme Forme de la Divinité).
    b4) Éléments *primordiaux* ou *polaires* :
     a5) Résultat de l'influence de l'*Autogénie* dans l'Autothésie divine [1] (E. S.) = Savoir.
     b5) Résultat de l'influence de l'*Autothésie* dans l'Autogénie divine (E. E.) = Être.
   b3) Éléments *dérivés* ou *organiques.*
    a4) *Immédiats* ou *distincts* :
     a5) Le Savoir combiné avec la Réalité = (U. S.). Le Vrai.
     b5) L'Être combiné avec la Réalité = (U. E.). Le Bien.
    b4) *Médiats* ou *transitifs*, etc.

1. *Autogénie*, production propre. (De αὐτὸς et de γείνομαι).
Autothésie, établissement propre. (De αὐτος et de τίθημι).
Ce sont là les deux éléments primordiaux de la Création propre de Dieu, constituant le Verbe et l'Absolu. (Voyez le prototype, dans la *Réforme du savoir humain*, vol. II, page 523 ; nommément la Création propre de Dieu.)

Définition de la réalité.

« La **Réalité** est une **chose sue.** »

Déduction de la réalité.

« Lorsqu'on veut remonter au principe de la *Réalité*, la *ten-*
« *dance* à ce principe est la *loi de création*, elle découvre dans la
« Réalité deux éléments opposés qui lui donnent la vie; car, si la
« Réalité restait Réalité seulement, elle serait pour ainsi dire
« morte. Elle ne se développe et ne se modifie que par cette op-
« position plus ou moins déterminée. Ces deux éléments opposés
« sont, comme on a déjà pu l'entrevoir dans la Définition que
« nous venons d'en donner, l'Être et le Savoir; donc, la Réalité
« est une chose sue. »

On voit donc que la Réalité est composée du Savoir et de l'Être, et que ces deux éléments primordiaux deviennent, par là, le *substratum* de toutes les réalités, qui nécessairement sont modifiées dans leurs spécialités respectives par leur essence propre, leur Hypostase, dérivant du Principe absolu qui les a créées.

On voit ensuite, dans le même tableau précédent, que le Bien et le Vrai sont, dans la Réalité, les deux éléments distincts qui, par leur extension, deviennent, pour ainsi dire, la vie de l'âme et l'emplissement du monde; et en partant de ces considérations supérieures, on conçoit alors que le *Mal* et le *Faux* sont, au contraire, la destruction de cette vie intellectuelle et le retour du monde à son néant primitif.

Nous donnons particulièrement toutes ces explications de la Réalité, pour ceux qui nous ont souvent demandé ce que c'est que le Savoir et l'Être; et nous rappellerons, pour mieux leur faire comprendre ces deux éléments primordiaux, que la *Forme* du savoir est la *Déterminabilité*, et que celle de l'Être est la *Fixité;* et pour aider encore mieux à cette compréhension, nous ferons bien remarquer ici que la Réalité est elle-même la *Forme* de la *Divinité*, et que sa *Forme*, à elle, est la *Détermination*[1].

1. Voyez également, pour l'étude approfondie de ces hautes questions, le

Par l'étude et la méditation, on pourra entrevoir à quelle hauteur et à quelle dignité Wronski a porté l'esprit humain dans ses spéculations philosophiques; et quand on pensera qu'il a pu donner ainsi leur législation à toutes les sciences physiques et morales, cela inspirera peut-être de la confiance et de la vénération pour son savoir que nous osons qualifier du nom d'*infini*.

Encore un mot pour les femmes à qui nous avons destiné, sous les auspices de la docte Mlle d'Espagne, ce petit Traité philosophique. Celles qui n'ont pas comme elle l'habitude de ces hautes spéculations, ne doivent pas s'effaroucher trop à la lecture des déductions un peu ardues que nous avons risquées ici; elles pourront, si elles désirent les comprendre mieux, en demander l'explication aux hommes de leur famille, qui, sans doute, voudront bien la leur donner.

Mais, au reste, nous ne faisons entrevoir ces hauts principes qu'afin de prouver que les réalités des brillantes fleurs de la LOI DE CRÉATION, que nous allons offrir, ne sont point nées d'un vain souffle, et qu'une légère parole de critique ne pourra pas, à volonté, les faire évanouir; non, tout idéales qu'elles nous paraissent, elles ont été formées par la puissance créatrice absolue de la vérité elle-même, et, par conséquent, elles sont à jamais indestructibles. — Les voici :

BON PRINCIPE OU AGATHODÉMONIE.

(Constituant le (S. en E.) de la création du monde[1].)

A) *Théorie*. Ce qu'il y a de *donné* dans l'Influence de l'Esprit dans le Néant pour établir le Bon Principe.

PROTOTYPE DE LA CRÉATION DE L'UNIVERS, dans la *Réforme du savoir humain*, vol. II, page 523 et suivantes.

1. Voyez le Prototype de la Création de l'Univers; *Réforme du savoir humain*, vol. II, page 529 et suiv.

Toutes les Réalités que nous donnons ici ont leur fixation primitive et absolue dans ce Prototype.

a) *Contenu* ou *Constitution* du Bon Principe.

a2) Partie *élémentaire.*

a3) Éléments *primitifs.*

a4) Élément *fondamental* ou *neutre* (E. N.) = PURETÉ DE LA RÉALITÉ (ou prestation de la réalité absolue).

b4) Éléments *primordiaux* ou *polaires :*

a5) (E. S.) = PURETÉ DU SAVOIR. (Génération propre à l'instar de Dieu.) (Prestation de réalité absolue en vue du Savoir.)

b5) (E. E.) = PURETÉ DE L'ÊTRE. (Établissement propre à l'instar de Dieu.) (Prestation de réalité absolue en vue de l'Être.)

b3) Éléments *dérivés* ou *organiques.*

a4) *Immédiats* ou *distincts :*

a5) Pureté de la Réalité combinée avec la pureté du *Savoir* (U. S.) = CANDEUR. (Production propre.)

Nota.— Ici appartiennent la sincérité, la bonne foi, la franchise, l'ingénuité, etc., etc.

b5) Pureté de la Réalité combinée avec la pureté de l'*Être* (U. E.) = ÉDIFICATION. (Fixation propre.)

Nota.— Ici appartiennent la culture humaine, l'exemple du bien, la modération, le désintéressement, etc., etc.

b4) *Médiats* ou *transitifs :*

a5) Transition de la pureté du Savoir à la pureté de l'Être (T. S.) = INSTRUCTION. (Propagation de la Vérité.)

b5) Transition de la pureté de l'Être à la pureté du Savoir (T. E.) = DÉSABUSEMENT. (Extirpation de l'Erreur.)

b2) Partie *systématique.*

a3) *Diversité* systématique.

a4) Influence *partielle :*

a5) Influence de la pureté du Savoir dans la pureté de l'Être. (S. en E.). = CONFIANCE. (Par exemple, celle d'Alexandre dans Philippe son médecin; celle du disciple dans le maître, etc., etc.)

b5) Influence de la pureté de l'Être dans la pureté du Savoir. (E. en S.) = SOLLICITUDE. (Par exemple, celle de saint Jean pour la sainte Mère du Christ, etc.)

b4) Influence *réciproque* de ces éléments primordiaux; *harmonie systématique* entre la pureté du Savoir et la pureté de l'Être. (C. F.) = BIENFAISANCE.

Nota.—Ici appartiennent les soins paternels, politiques, religieux, économiques, littéraires, etc., etc.

b3) *Identité finale* dans la réunion systématique des deux éléments dérivés distincts de la *candeur* et de l'*édification*, moyennant la *Pureté de la Réalité absolue* (E. N.) qui leur est commun. (P. C.) = PROCRÉATION MORALE OU AGATHODÉMONIE DU 2e ORDRE.

Nota. — Pour bien comprendre la valeur du mot *Prestation*, il faut savoir que la catégorie de l'*Essentialité* qui agit ici donne, dans sa fixation par la *loi de création*, les trois éléments primitifs suivants :

Élément Neutre (E. N.) = LIMITATION;

Élément Savoir (E. S.) = PRESTATION (acte de fournir, de donner);

Élément Être (E. E.) = PRIVATION (acte d'ôter, etc.).

La catégorie de l'*Essentialité*, dont nous ne donnons ici que les trois premiers éléments, est, dans la création de la RÉALITÉ, la *Forme* du BIEN, comme on peut le voir dans le Prototype de la Création de l'Univers.

Remarque.

C'est là, dans notre pure enfance et dans notre sainte jeunesse, la voie par laquelle nous devons aborder la vie, c'est là ce qui doit d'abord nous guider nous-mêmes dans notre propre direction, et ce qui nous rendra plus aptes à fonder ensuite, dans l'âme de nos chers enfants, les vertus qui doivent en faire, pour l'amélioration de l'humanité, des êtres éminemment raisonnables et moraux.

Nous devons ici, dès l'abord, prémunir ceux qui nous liront contre une erreur qui nous a été manifestée, c'est celle que la doctrine de Wronski paraissait être du mysticisme. Nous répondons par une dénégation formelle : au contraire, Wronski a constamment repoussé le mysticisme, et il a partout, dans ses ouvrages, signalé et condamné même cette funeste tendance passive et vague de la raison humaine qui paralyse complétement son infinie spontanéité en donnant aux seules facultés inférieures et bornées de l'âme, par exemple à l'imagination, le droit de régler, d'établir et d'imposer même à la crédulité de l'homme une foule de non-sens à la place des règles strictes et inébranlables de la raison, qui seules doivent et peuvent, d'après des principes vrais, reconnaître et établir les réalités du monde.

Ceci bien convenu entre les lecteurs et nous, nous allons continuer à présenter quelques-unes de ces réalités, qui toutes sont fixées dans l'Apodictique par l'esprit le plus positif et en même temps le plus spontané que la terre ait eu jusqu'à ce jour.

PROCRÉATION MORALE OU AGATHODÉMONIE DU DEUXIÈME ORDRE.

(Constituant la (P. C.) du Bon Principe.)

A) *Théorie.* Ce qu'il y a de *donné* dans l'Identification de la Candeur et de l'Édification pour établir la Procréation morale.

- a) *Contenu* ou *Constitution* de la Procréation morale.
  - a2) Partie *élémentaire.*
    - a3) Éléments *primitifs.*
      - a4) Élément *fondamental* ou *neutre* (E. N.). = Expiation. (Purification morale ou dépouillement du Néant dans la Réalité absolue.)
      - b4) Éléments *primordiaux* ou *polaires :*
        - a5) (E. S.) = Béatitude. (Réalité absolue libérée de tout Néant.)

b5) (E. E.) = INBÉATITUDE. (Réalité absolue impliquant le Néant.)

b3) Éléments *dérivés*.

a4) *Immédiats* ou *distincts*.

a5) Expiation combinée avec la Béatitude (U. S.) = AMOUR.

b5) Expiation combinée avec l'Inbéatitude (U. S.) = MISÉRICORDE[1].

Nota. — Ici appartiennent la miséricorde divine, le pardon, l'oubli des offenses, la grâce des délits, etc.

b4) *Médiats* ou *transitifs* :

a5) Amour faisant fonction de *Miséricorde* (T. S.) = CHARITÉ.

Nota. — Ici appartiennent la charité fraternelle, chrétienne, l'indulgence, les secours et surtout la *Charité théologale* ou *religieuse*.

b5) Miséricorde faisant fonction d'*Amour* (T. E.) = PITIÉ.

Nota. — Ici appartiennent la commisération, la compassion, l'intérêt moral, etc.

a2) Partie *systématique*.

a3) Diversité *systématique*.

a4) Influence *partielle* :

a5) Influence de l'Inbéatitude dans la Béatitude (E. en S.) = FOI.

Nota. Ici appartiennent la foi donnée, l'honneur, la conscience en nous de Dieu, et surtout la *Foi théologale* ou *religieuse*.

b5) Influence de la Béatitude dans l'Inbéatitude (S. en E.) = ESPÉRANCE.

Nota. —Ici appartiennent l'attente de l'amélio-

1. Comme on objectait à la reine Marie Leczinska, qui sollicitait la grâce d'un coupable, que la Justice est la Miséricorde des rois, elle répondit ces belles paroles : « Oui, mais *la Miséricorde est la Justice des Reines*. »

ration intellectuelle, morale, politique, etc., et surtout l'*Espérance religieuse* ou *théologale*.

b4) Influence *réciproque* de ces éléments primordiaux; *harmonie systématique entre la Béatitude et l'Inbéatitude; Transformation du mal en bien* et *du faux en vrai* (C. F.) = Providence. (Action surnaturelle dans le monde.)

Nota. — On admirera ici cette consolante anomalie de la raison en regard de l'anomalie qui lui est opposée dans la *Cacodémonie* et qui constitue le Satanisme [1]; celui-ci transforme le bien en *mal* et le vrai en *faux*, tandis que la Providence transforme le mal en *bien* et le faux en *vrai*.

b3) Identité *finale* des deux éléments dérivés distincts, de l'*Amour* et de la *Miséricorde* par l'*Expiation* ou *Purification morale, accomplissement de la Prestation de la Réalité absolue* (P. C.) = Salut, ou Création propre absolue (au moment de la mort)[2].

Nota. Toute cette création du Bon Principe est complétement prouvée et développée dans l'Apodictique par des notes explicatives très-longues et très-détaillées.

Remarque.

Voici l'existence humaine dans toute la plénitude de ses forces; la voici armée pour la lutte contre le Mauvais Principe, dont nous ne voulons pas donner les Réalités dans cet ouvrage dédié

1. On verra dans l'*Apodictique*, aussi clairement déduite que l'est l'Agathodémonie, la réalité de la *Cacodémonie*. Combien ne serait-il pas urgent que les hommes connussent ces vérités, afin d'éviter la terrible *Cacodémonie* qui réalise, dans le monde, au lieu du règne de Dieu, qui est l'objet de l'Église, le règne de l'Antechrist, et qui pour (P. C.) ou identité finale, accomplit, par son horrible développement, la damnation ou destruction propre absolue !

2. Voy. la *Philosophie absolue de l'histoire*, tome II, page 246.

aux femmes, mais qui ne se rend que trop manifeste par l'*impulsion au mal*, ce PÉCHÉ ORIGINEL que nous apportons en naissant. Il faut le vaincre, et il le faut à tout prix, sous peine d'arriver, par une gradation satanique et prompte, à la DAMNATION ou DESTRUCTION PROPRE. Heureusement que les forces morales développées dans l'AGATHODÉMONIE, et, comme on le verra plus loin, dans la VERTU, nous élèvent, par l'obtention en nous-mêmes, de la Réalité absolue, jusqu'au SALUT ou à la CRÉATION PROPRE, à cette couronne divine qui, par le rang suprême qu'elle donne à l'homme dans la création de l'univers, peut SEULE le rendre un objet digne de Dieu.

Nous avons, nous autres femmes, à nous faire relever d'une terrible malédiction; car, d'après les saintes Écritures, c'est par nous que le péché est entré dans le Monde. — Encore ici, heureusement, la Mère de Dieu, par son enfantement dans l'état de pure virginité et par la sainteté de sa vie, nous a ouvert la voie où nous devons marcher en nous aidant des lumières que nous invoquons ici, pour nous libérer du pacte et ramener nos enfants et nos époux à la vie éternelle que nous leur avions fait perdre.

AMOUR.

(Constituant l' (U. S.) de la Procréation morale ou Agathodémonie du deuxième ordre.)

A) *Théorie.* Ce qu'il y a de *donné* dans la combinaison de l'Expiation avec la Béatitude pour établir l'Amour.

- a) *Contenu* ou *Constitution* de l'Amour.
  - a2) Partie *élémentaire.*
    - a3) Éléments *primitifs.*
      - a4) Élément *fondamental* ou *neutre* (E. N.) ≐ BIENVEILLANCE.
      - b4) Éléments *primordiaux.*
        - a5) (E. S.) = PURETÉ.
        - b5) (E. E.) = SACRIFICE.

b3) Éléments dérivés :

a4 *Immédiats* ou *distincts* :

a5) Bienveillance combinée avec la *Pureté* (U. S.) = AMOUR DIVIN.

Nota. — L'*Amour divin*, ou de la part de Dieu, consiste dans le sacrifice de l'universalité pour le bien de l'individualité. (Il est permanent et infini.)

b5) Bienveillance combinée avec le *Sacrifice* (U. E.) = AMOUR ANGÉLIQUE (figuré par l'Ange gardien).

b4) *Médiats* ou *transitifs* :

a5) Amour divin faisant fonction d'*Amour angélique* (T. S.). = THÉOPHILIE.

Nota. — La *Théophilie*, ou l'*Amour de Dieu*, consiste dans le sacrifice de l'individualité sans intérêt ou avec pureté. Ici appartiennent l'*Adoration*, la *Vénération*, etc., etc.

b5) Amour angélique faisant fonction d'*Amour divin* (T. E.) = PHILANTHROPIE.

b2) Partie *systématique*.

a3) Diversité *systématique*.

a4) Influence *partielle* :

a5) *Sacrifice* dans la Pureté (E. en S.) = FIDÉLITÉ.

b5) *Pureté* dans le Sacrifice (S. en E.) = AMITIÉ.

Nota. — Et tu serais la volupté,
Si l'homme avait son innocence!
(*Castor et Pollux.*)

b4) Influence *réciproque* du *Sacrifice* dans la *Pureté* et de la *Pureté* dans le *Sacrifice* (C. F.) = AMOUR CONJUGAL.

b3) Identité de l'*Amour divin* et de l'*Amour angélique*, moyennant la *Bienveillance*, élément neutre qui leur est commun (P. C.) = AMOUR DU SAUVEUR (pour les hommes).

Remarque.

On voit ici que ce sentiment, tout sublime qu'il nous apparaît, ne constitue cependant qu'une partie de l'ensemble de la Réalité humaine, et qu'il ne la régit point tout entière, comme certains prétendus réformateurs modernes veulent à tout prix le faire entendre. Ils le dégagent même de tout ce qu'il a de divin et le rattachent autant qu'ils peuvent au seul élément physique, croyant par ce moyen, qui flatte les passions, attirer plus d'adeptes à leurs doctrines erronées; cela est très-mal : ils ôtent ainsi à l'Amour conjugal, à ce ravissant Concours final de l'Amour, toute sa sainteté.

Sans doute, l'Amour conjugal a des éléments physiques (nous ne le donnons pas ici; il doit rester dans l'Apodictique); mais ces éléments, qui, à leur tour, forment dans leur Concours final l'Union éternelle des époux, ne doivent point se détacher de l'amour pur, qui leur donne encore plus de force; car ce n'est que par cette force plus pure de l'amour physique lui-même, jointe surtout à une plus haute culture des deux personnalités unies ainsi, que l'Union éternelle est possible et pourra procréer dans ce monde des êtres supérieurs qui, développant des *supports* organiques et psychiques de plus en plus élaborés, atteindront, par la production éclairée et permanente du Vrai et du Bien absolu sur la terre, à la Création propre de l'homme, à ce but suprême de l'existence de l'humanité.

Nous ajouterons, pour expliquer cette thèse *de la nécessité de supports adéquats à des facultés supérieures de l'âme*, que le grand obstacle à l'établissement durable du Christianisme par les missionnaires chez les peuplades sauvages vient précisément de ce que ces hommes, par le manque de *supports* intellectuels suffisants, n'ont point encore la raison assez développée pour concevoir des *idées abstraites*, et ne peuvent, par conséquent, comprendre et se rendre propre aucun enseignement élevé, tel que doit l'être, et tel que l'est en effet, pour eux, celui de la Religion, que nos plus jeunes enfants comprennent et gardent cependant très-bien.

LÉGISLATION ETHIQUE OU VERTU.

(Constituant l' (E. en S.) de la Virtualité.) Cette Réalité appartient à la LIBERTÉ CRÉÉE (U. S.) de la création du monde.)

A) *Théorie.*

a) *Contenu* ou *Constitution.*

a2) Partie *élémentaire.*

a3) Éléments *primitifs.*

a4) Élément fondamental ou neutre. (E. N.) = VERTU EN GÉNÉRAL. (Rejet du Mal et avancement du Bien.)

Nota. — Considérée dans son *principe subjectif*, la Vertu est la *force* de la *maxime* de la volonté humaine dans la satisfaction du Devoir. — Comme telle, il n'existe *qu'une seule* vertu, parce que cette *force* est toujours la même.

Et considérée dans son *principe objectif*, la Vertu est la faculté de poser des *fins morales* (dérivant du savoir absolu lui-même, et indépendant de tout objet du savoir). — Comme telle, il peut exister *plusieurs* vertus, suivant la diversité des *fins*.

b4) Éléments *primordiaux* ou *polaires.*

a5). (E. S.) = VERTU ACTIVE. (Production du Bien.)

b5). (E. E.) = VERTU PASSIVE. (Éloignement du mal.)

b3) Éléments dérivés.

a4) *Immédiats* ou *distincts.*

a5) Vertu en général combinée avec la *Vertu active.* (U S.) = HÉROÏSME (Dévouement pour le bien).

Nota. — Léonidas, le chevalier d'Assas, la mort du prince de Brunswick, l'évêque de Belzunce, etc., etc.

b5) Vertu en général combinée avec la *Vertu passive* (U. E.) = MORALITÉ (Exclusion du mal).

b4) *Médiats* ou *transitifs*.

a5) Héroïsme faisant fonction de *Moralité* (T. S.) ≐ GÉNÉROSITÉ (Dons aux hôpitaux, prix de vertu, etc.).

b5) Moralité faisant fonction d'*Héroïsme* (T. E.) = ABNÉGATION (Sœurs de charité, etc., etc.).

b2) Partie *systématique*.

a3) Diversité *systématique*.

a4) Influence partielle.

a5) Vertu active dans la *Vertu passive*. (S. en E.) = ASCÉTISME.

Nota. — Le véritable *Ascétisme*, celui qui, en réprimant le Mal, a pour objet la production du Bien; tel que le silence des disciples de Pythagore, le creusement de la tombe des Trappistes, etc., etc.

b5) Vertu passive dans la *Vertu active*. (E. en S.) = VŒUX (Religieux, et autres en vue du Bien).

b4) Influence *réciproque* de la Vertu passive dans la Vertu active, et de celle-ci dans la première. (C. F.) = RÉSIGNATION.

Nota. — Telle que la résignation de Marie Stuart dans sa longue captivité; celle de Silvio Pellico, dans le *carcere duro;* la patience du philosophe Garvé, surnommé le Socrate de l'Allemagne, dans sa longue souffrance physique, etc., etc.

b3) Identité finale de l'*Héroïsme* et de la *Moralité* moyennant la *Vertu*, élément neutre qui leur est commun (P. C.). = ACCOMPLISSEMENT DE LA VERTU OU SAGESSE (dont deux grands exemples, les seuls qui existent, sont offerts par Jésus-Christ [dans sa nature humaine] et Socrate).

(Toute la LIBERTÉ (créée), à laquelle appartient ce Tableau, est développée dans l'APODICTIQUE. Elle est l'objet des sciences morales : sa *Forme* constitue les *Droits* et *Devoirs*, et son *Accomplissement* est le *Droit* comme science.)

C'est ici le lieu de donner la traduction faite par Wronski lui-même, de la belle et célèbre Apostrophe de Kant au Devoir dans sa *Critique de la Raison pratique.*

« DEVOIR! grand nom, mot sublime, toi qui n'as rien de l'amabilité dont l'insinuation s'accompagne, tu demandes soumission sans menacer de rien qui effraye ou qui provoque la répugnance. Pour émouvoir la volonté, il te suffit d'établir une loi, qui, d'elle-même, s'introduit dans l'âme et obtient, malgré la volonté, sinon une constante obéissance, toujours une profonde vénération : devant cette loi tous les penchants deviennent muets, quoique, en secret, ils agissent contre elle. Quelle est donc l'origine digne de toi? Où trouve-t-on la souche de ta noble descendance, qui repousse avec fierté toute alliance avec les inclinations? Quelle est enfin ta haute origine, de laquelle descendre aussi est la condition impérative de la dignité que les hommes peuvent seuls se donner? »

(Le DEVOIR est l'(E. S.) de la VOLONTÉ MORALE, qui, elle-même, est l'(U. S.) de la LIBERTÉ (CRÉÉE), qui, à son tour, est l'(U. S.) de la CRÉATION DU MONDE. Voyez, pour la fixation de la Liberté (créée), le Prototype déjà cité. En remontant de là, à la RÉALITÉ, et de celle-ci, à la CRÉATION PROPRE DE DIEU, vous aurez tout ce qui constitue la Liberté dans son essence ; et par là même vous aurez le Principe de cette grande réalité de l'univers. Principe que Kant demandait ici.)

Remarque.

On s'aperçoit que cette réalité appartient à un autre ordre; ici, plus d'amour, plus de motifs étrangers. L'âme se montre dans sa spontanéité et son propre mérite. — Par ses propres forces, elle se développe et mûrit, pour la vie éternelle, l'immortalité, ce fruit divin du *salut* ou de la *création propre;* but suprême de l'existence de l'homme sur la Terre dont l'obtention nous donnera l'espoir juste et sacré de nous approcher de plus en plus de Dieu, et de partager à jamais son absolue béatitude.

C'est encore là notre libération du pacte; et c'est ce qui fera dire aussi à notre divin Christ et Sauveur, au dernier jugement: « Venez à ma droite, ô vous, qui avez toujours suivi les comman- « dements de mon Père! »

Nous voulions nous arrêter ici; mais nous croyons devoir encore ajouter deux Réalités choisies parmi celles que, nous autres femmes, nous savons le mieux sentir et apprécier.

EXALTATION.

(Constituant l' (U. S.) de la Stase. Cette réalité appartient à la VIE (C. F.) de la création du monde.)

A) *Théorie.*
 a) *Contenu* ou *constitution.*
  a2) Partie *élémentaire.*
   a3) Éléments *primitifs* :
    a4) Élément fondamental ou neutre (E. N.) = RAVISSEMENT (exaltation du sentiment).
    b4) Éléments *primordiaux* :
     a5) (E. S.) = ADMIRATION (exaltation du savoir).
     b5) (E. E.) = EMPORTEMENT (exaltation de la volonté).
   b3) Éléments *dérivés* ou *organiques.*
    b4) Eléments dérivés *immédiats* ou *distincts* :
     a5) Admiration combinée avec le Ravissement (U. S.) = ENTHOUSIASME.
     b5) Emportement combiné avec le Ravissement (U. E.) = FUREUR.

     Nota. Ici appartiennent l'Indignation, la Fureur poétique, la Fureur prophétique, etc., etc.

b4) Éléments dérivés *médiats* ou *transitifs.*

a5) Transition de l'Enthousiasme à la Fureur (T. S) = Émotion (Ruhrung).

b5) Transition de la Fureur à l'Enthousiasme (T. E.) = Trouble.

b2) Partie systématique.

a3) Diversité.

a4) Influence *partielle.*

a5) Influence de l'*Admiration* dans l'Emportement (S. en E.). = Courage (s'animer pour le *moyen*).

Nota. Ici appartiennent la Bravoure, l'Intrépidité, etc.

b5) Influence de l'*Emportement* dans l'Admiration (E. en S.) = Ardeur (s'animer pour le *but*).

b4) Influence réciproque de ces éléments primordiaux, *harmonie* systématique entre l'*Admiration* et l'*Emportement* (C. F.) = Zèle (animation pour le *but* et le *moyen*).

b3) Identité finale de l'enthousiasme et de la fureur, moyennant le Ravissement (E. N.) qui leur est commun (P. C.) = Transport.

Nota. C'est d'après cela qu'on dit transport de joie, transport d'amour, etc., etc.

Remarque.

Cette Réalité, l'une de celles qui ont le plus d'intensité dans la vie humaine, est la source des plus nobles et des plus profonds sentiments lorsqu'elle se porte sur le Bien, le Vrai et le Beau. — Mais, il faut faire attention, surtout chez les jeunes gens, de ne pas la laisser s'égarer sur des objets ou des sujets qui n'en soient pas dignes, car, alors, elle devient une immoralité. Il faut d'ailleurs, comme dans toutes les manifestations du sentiment, qu'elle soit modérée par la raison.

LE BEAU.

(Constituant le (C. F.) [Finalité *subjective*] de la Réalité.)

A) *Théorie.*

a) *Contenu* ou *Constitution* esthétique.

a2) Partie *élémentaire.*

a3) Éléments *primitifs* :

a4) Élément fondamental ou neutre. Harmonie subjective du vrai et du bien. (E. N.) = BEAU RÉEL (ou du premier ordre).

b4) Éléments primordiaux ou polaires.

a5) (E. S.) = L'ÉNERGIE esthétique.

b5) (E. E.) = L'AMÉNITÉ esthétique.

b3) Éléments *dérivés.*

a4) *Immédiats* ou *distincts.*

a5) *L'énergie* combinée avec le *Beau.*
(U. S.) = LE SUBLIME esth.

b5) *L'Aménité* combinée avec le *Beau.*
(U. E.) = LE SUAVE esth.

b4) *Médiats* ou *transitifs.*

a5) Transition du *Sublime* au *Suave.*
(T. S.) = LE SÉRIEUX esth.

b5) Transition du *Suave* au *Sublime.* (T. E.) = LE GAI esth.

Nota. — Le rire est le désappointement de l'imagination par la raison. Ainsi, en voulant passer du Suave au Sublime, l'imagination subit ce désappointement ; et alors, l'harmonie subjective du vrai et du bien excite le rire ou la gaieté esthétique.

b2) Partie *systématique.*

a3) Diversité *systématique.*

a4) Influence *partielle.*

a5) Influence de l'*Énergie* dans l'*Aménité* (S. en E.) = LE NOBLE esth.

b5) Influence de l'*Aménité* dans l'*Energie* (E. en S.) = LE BRILLANT esth.

b4) Influence réciproque de l'un dans l'autre des deux éléments primordiaux, *Harmonie systématique* entre l'*Énergie* et l'*Aménité* (C. F.). = LE GRANDIOSE esth.

b3) *Identité finale* du *Sublime* et du *Suave* moyennant le *Beau réel*, élément neutre qui leur est commun. (P. C.) BEAU IDÉAL (ou du deuxième ordre).

Nota. — Toutes les réalités du BEAU sont développées dans l'APODICTIQUE, avec les exemples caractéristiques qui appartiennent à chacune de ces réalités.

Pour mieux faire apprécier cette création du Beau, nous allons transcrire ici ce que Wronski prend l'occasion d'en dire, après avoir dans l'APODICTIQUE, développé LA PROVIDENCE OU L'ACTION SURNATURELLE DANS LE MONDE :

« C'est ici le lieu de faire remarquer que l'*action surnaturelle* qui rend si inconcevables les faits providentiels que nous venons de citer, est de beaucoup au-dessous de l'action bien plus surnaturelle qui produit le BEAU, ce phénomène extraordinaire que nous avons journellement sous les yeux, sans nous douter du *miracle* réel dont nous sommes témoins. En effet, ce sublime accomplissement de l'Univers, le Beau, qui sans contredit est la manifestation immédiate de l'intelligence suprême, de Dieu lui-même, ne saurait être conçu comme étant produit par aucune *action naturelle ;* vouloir le déduire d'après des principes naturels ce serait lui ravir ce qu'il a de céleste, et avouer par là qu'on n'apprécie et ne connaît pas ce phénomène miraculeux. »

Remarque.

Après l'accomplissement du Devoir, dons nous venons d'éclairer et de parcourir les routes si bien tracées dans l'*Agathodémonie* et la *Vertu*, après l'*Enthousiasme* du sentiment, et enfin après les chastes délices de l'*Amour conjugal*, nous arrivons ici à la réalité du BEAU. — C'est là, à nous autres femmes, notre véritable domaine; c'est là que se développent pour nous, les plus ravissantes féeries de la vie. — En effet, c'est au moyen du BEAU que l'époux et les enfants trouvent autour d'eux, non-seulement, tout le confortable du nécessaire, mais encore toute la grâce que le superflu peut donner à la vie intime; et qu'ils nous trouvent nous-mêmes, par notre élégance dans les vêtements, le langage et les manières, entourées de son noble prestige.

Quand la fortune est notre partage, c'est alors, surtout, que par l'emploi des beaux-arts, et des fleurs, ces doux sourires de Dieu, nous embellissons nos demeures; et que, prodiguant de délicieuses surprises inspirées par l'amour, nous savons charmer l'époux et la famille, et leur faire chérir ce paradis terrestre de l'intimité, où Dieu a permis que réside et se cache le bonheur de l'homme.

Nous nous arrêtons ici. — C'est dans nos moyens si bornés de publication, tout ce que nous pouvons donner touchant le savoir absolu, qui peut convenir aux femmes; nous pensons cependant que cela suffira pour que toute personne éclairée, juste et de bonne foi, puisse entrevoir à la lecture de ces quelques fragments des résultats de sa doctrine absolue, à quelle hauteur Wronski peut porter l'esprit humain.

Dans toute la partie morale, dans le sentiment, il donne à la réalité humaine une force infinie; dans la partie intellectuelle dans la cognition, il lui donne un élan tout aussi infini; et par la découverte de l'essence de l'ABSOLU, qui lui donnait à lui-même, une infaillible certitude, il a, dans cette élévation suprême, placé tout à coup l'homme comme créateur du *Bien absolu* et du *vrai absolu* dans le monde, c'est-à-dire, comme créateur de la VÉRITÉ ABSOLUE. Et, en effet, l'on voit que toutes les réalités que nous présentons ici sont fixées par une véritable CRÉATION, et non par une *méthode* quelconque, analogue à celles qui ont été employées jusqu'à ce jour par les philosophes. C'est là le caractère de CERTITUDE ABSOLUE, que la *loi de création* donne à toutes les réalités de l'univers, comme on le verra dans l'Apodictique.

Mais, que l'on ne s'imagine pas que, par cette haute puissance qu'il attribue à l'homme, Wronski en conclut, comme certains philosophes modernes que l'homme peut, dans son esprit, s'égaler à Dieu, et doive être par là moins soumis à lui, et moins adorateur de sa Toute-Puissance; bien au contraire. — Et cela devait être ainsi; car, il est facile de s'assurer que, par la découverte de l'essence intime de l'ABSOLU, aucun homme, sur notre terre, ne s'est approché de Dieu plus que lui[1]. — Ceux qui voudraient lire avec quelque persévérance la doctrine si pure et si élevée de Wronski, y reconnaîtraient à chaque instant combien Dieu est adoré et admiré par lui; non pas avec des sentiments vagues et des mots indéterminés, mais avec un profond sentiment de vénération et de gratitude, et des expressions pleines de sens et de clarté, qui ajoutent, pour ainsi dire, une auréole terrestre visible à l'auréole céleste et invisible de la Divinité.

Aussi, nous oserons dire que, par un amour réciproque, Dieu l'avait doué des plus rares capacités. En effet, les spéculations les plus abstraites semblaient être l'état naturel de son esprit; et les connaissances positives, si profondes, qu'il avait dans toutes les sciences, et qui coûtent ordinairement tant de peine à acquérir, n'étaient pour lui que les récréations qu'il se donnait dans les intervalles de ses hautes découvertes philosophiques. Tous ceux qui l'ont connu particulièrement attesteront qu'on éprouvait une véritable admiration à l'entendre développer avec une parfaite plénitude de certitude et de vérité quelque partie que ce fût du savoir humain[2].

1. Voy. la CRÉATION PROPRE DE DIEU, dans la *Réforme du savoir humain*, pages 523-526.

2. Nous ajouterons ici, pour appuyer ce que nous disons page 32 au sujet du mysticisme, que l'on n'a qu'à lire la DÉCLARATION DE L'AUTEUR DU MESSIANISME, dans le Prodrome, pages vj et vij, pour se convaincre de la fausseté de cette accusation.

Nous terminons ce petit ouvrage en exprimant le désir que l'on ne blâme pas trop sa composition tout à fait fragmentaire et que l'on veuille bien prendre en considération le but pieux de l'humble et pauvre veuve qui l'a produit comme une occasion de rendre hommage, autant qu'il lui est possible, à une grande mémoire. On pensera que c'est bien peu de chose à côté de ce qui aurait pu être dit sur celui qui a donné tant de vérités aux hommes. Cela est vrai; mais souvent, quand la voix d'un faible oiseau se fait entendre au milieu du silence de la nature, il arrive que, de tous côtés, répondent mille chants harmonieux qui portent alors au Ciel l'hommage de la Terre. — C'est ainsi que j'ai l'espoir qu'à mon faible appel, des voix plus puissantes que la mienne, s'uniront pour exalter et faire mieux connaître les trésors infinis de savoir que Wronski a passé sa longue vie à découvrir, afin de contribuer, autant qu'il était en lui, au salut du monde et à la gloire de Dieu.

FIN.

AVIS.

Tous les derniers ouvrages publiés par Wronski sont déposés à la Bibliothèque polonaise, quai d'Orléans, nº 6, où l'on peut les consulter tous les jours de dix à quatre heures, excepté le dimanche.

Ce philosophe a publié plus de trente volumes in-4º de philosophie et de sciences mathématiques, pures et appliquées; et il laisse après sa mort la même quantité de manuscrits inédits, également philosophiques et mathématiques.

Dans le Ier vol. de la Philosophie de l'Histoire, Wronski a donné, aux pages 80-84, une nomenclature très-détaillée de ses ouvrages publiés.

Les ouvrages philosophiques sont en vente chez M. Amyot, rue de la Paix, nº 8.

TYPOGRAPHIE DE CH. LAHURE
Imprimeur du Sénat et de la Cour de Cassation
rue de Vaugirard, 9.

www.ingramcontent.com/pod-product-compliance
Ingram Content Group UK Ltd.
Pitfield, Milton Keynes, MK11 3LW, UK
UKHW020349250726
13967UKWH00005B/2196

9 782011 909381